MINISTÈRE DE LA GUERRE

INSTRUCTION DU 18 JUIN 1912

SUR LES

BATTERIES ET SONNERIES

(COMMUNE A TOUTES LES ARMES)

Mise à jour au 5 septembre 1913.

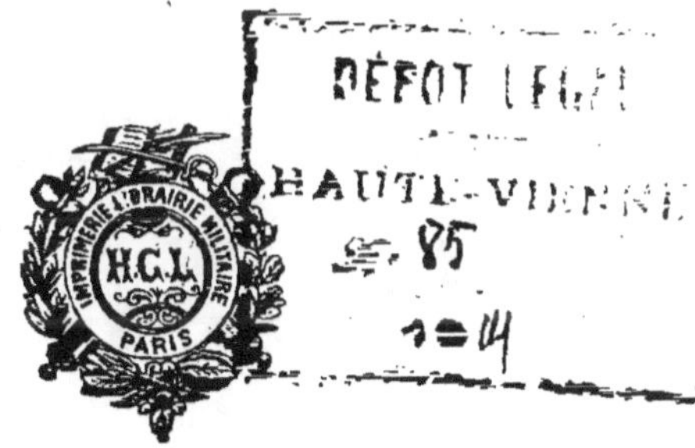

PARIS

HENRI CHARLES-LAVAUZELLE

Éditeur militaire

124, Boulevard Saint-Germain, 124

MÊME MAISON A LIMOGES

1915

INSTRUCTION

SUR LES BATTERIES ET SONNERIES

(COMMUNE A TOUTES LES ARMES)

INSTRUCTION DU 18 JUIN 1912

SUR LES

BATTERIES ET SONNERIES

(COMMUNE A TOUTES LES ARMES)

Mise à jour au 5 septembre 1913.

PARIS

HENRI CHARLES-LAVAUZELLE

Éditeur militaire

124, Boulevard Saint-Germain, 124

MÊME MAISON A LIMOGES

1915

INSTRUCTION

SUR LES BATTERIES ET SONNERIES

COMMUNE A TOUTES LES ARMES (1).

———

La présente Instruction, commune à toutes les armes, est divisée en deux parties :

La première comprend une théorie de la musique, ainsi que des exercices préliminaires pour clairons et trompettes ;

La deuxième contient les batteries et sonneries de toutes les armes.

(1) Cette Instruction abroge l'Instruction sur les Batteries et Sonneries de l'infanterie du 22 juin 1905.

PREMIÈRE PARTIE.

I

THÉORIE DE LA MUSIQUE

POUR

LES BATTERIES ET SONNERIES.

On nomme *batteries* les morceaux exécutés par les tambours et *sonneries* ceux joués par les clairons et les trompettes.

La notation des batteries et sonneries se fait par l'écriture ordinaire de la musique à laquelle les signes expliqués ci-après sont empruntés.

Signes employés pour écrire la musique.

La musique qui sert à noter les batteries et les sonneries se fait au moyen de signes principaux qui sont les suivants :

1° La portée;
2° Les clefs;
3° Les notes;
4° Les silences;
5° Les mesures.

De la portée.

La portée est la réunion de cinq lignes parallèles et horizontales qui se décomptent de bas en haut.

Exemple :   5° ligne.

1" ligne.

Les signes qui servent à écrire la musique se placent sur la portée.

Des clefs.

Les clefs sont des signes qui se placent au commencement de la portée. Elles servent à fixer le nom des notes et à indiquer en même temps la place que celles-ci occupent dans l'échelle musicale.

Chaque clef donne son nom à la note placée sur la ligne même qu'elle occupe. Le nom d'une note étant connu, il est facile de trouver le nom des autres notes.

Pour les batteries, on emploie la clef de *fa* qui se place sur la quatrième ligne de la portée.

Exemple :

Pour les sonneries, on emploie la clef de *sol* qui se place sur la seconde ligne.

Exemple :

Des notes.

Les notes représentent des durées et des sons.

Selon leurs différentes figures, les notes expriment des durées différentes.

Selon leurs différentes positions sur la portée, les notes expriment des sons différents.

Signes des durées. — Les figures de notes employées pour exprimer les durées sont :

1° La Blanche — vaut **2** temps ou 2 pas.

2° La Noire — vaut **1** temps ou 1 pas.

NOTE. — Le temps est l'unité qui subdivise la mesure en plusieurs parties égales. Par analogie, le pas sera pris comme l'unité qui subdivise une cadence donnée.

3° La Croche — vaut $1/_2$ temps ou $1/_2$ pas (2 pour **1** pas).

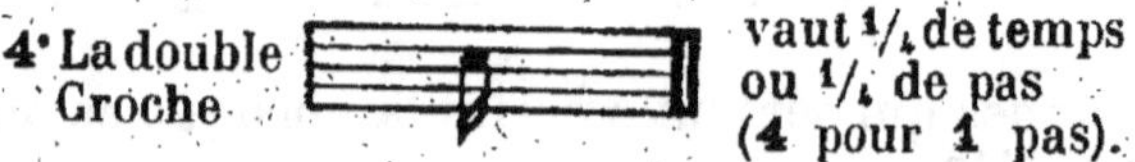

4° La double Croche — vaut $1/_4$ de temps ou $1/_4$ de pas (4 pour **1** pas).

Lorsque plusieurs croches ou plusieurs doubles croches sont placées les unes à côté des autres, on remplace les crochets par des barres unissant ces notes; le nombre des barres est toujours égal, pour chaque note, au nombre de crochets qu'elles remplacent. Ainsi, il faut une barre pour les croches, deux barres pour les doubles croches.

Exemple.

Les figures de notes sont parfois suivies d'un point. Ce point a pour effet d'augmenter la durée de la note de la moitié de sa durée primitive :

Exemple : 

vaut deux temps ou deux pas.

étant pointée, elle vaudra deux temps ou deux pas, en y ajoutant, pour le point, la moitié de deux, c'est-à-dire en tout : trois temps ou trois pas.

La durée des figures de notes peut encore être modifiée par un signe nommé « *liaison* ». Placée entre deux notes de même nom et de même son, la liaison ⌢, ainsi que son nom l'indique, lie les deux notes et ajoute la durée de la seconde figure de note à la durée de la première. Placée entre deux notes de nom et de son différents, elle indique que les deux notes doivent être produites par une seule émission de son, c'est-à-dire qu'il ne faut pas donner de coup de langue sur la seconde.

Signes des sons. — Les sons, quelles que soient les figures de notes, sont exprimés par la place que ces figures de notes occupent sur la portée.

Des silences.

Les silences sont des signes qui indiquent l'interruption du son.

Il y a quatre figures de silence exprimant la durée plus ou moins longue de l'interruption du son.

Cette durée correspond à celle des figures de notes.

1° La demi-pause

silence d'une durée égale à deux temps ou deux pas; valeur correspondant à celle de la blanche.

2° Le soupir

silence d'une durée égale à un temps ou un pas; valeur correspondant à celle de la noire.

3° Le demi-soupir

silence d'une durée égale à un demi-temps ou un demi-pas; valeur correspondant à celle de la croche.

4° Le quart de soupir

silence d'une durée égale à un quart de temps ou un quart de pas; valeur correspondant à celle de la double croche.

Le point se place aussi après un silence et y produit le même effet que lorsqu'il est placé après une figure de note.

Des mesures.

La mesure est la division d'un morceau de musique en parties égales. Cette division s'indique au moyen de barres qui traversent perpendiculairement la portée et que l'on nomme barres de mesures.

Exemple :

L'ensemble des valeurs (figures de notes, figures de silence) qui se trouvent comprises entre les deux barres de mesure forme *une mesure*. La somme de ces valeurs doit être égale pour toutes les mesures d'un même morceau et par conséquent toutes ces mesures auront une durée égale (1).

____

(1) La première mesure d'un morceau est quelquefois incomplète; il faut dans ce cas faire précéder les notes écrites par les silences nécessaires pour former le complément.

La fin d'un morceau s'indique toujours par une double barre de mesure au-dessus de laquelle on écrit quelquefois le mot *fin*.

Exemple :

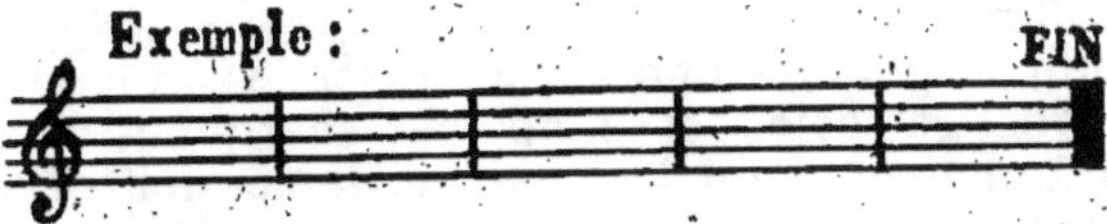

La double barre se place aussi pour séparer deux parties d'un morceau.

Exemple :

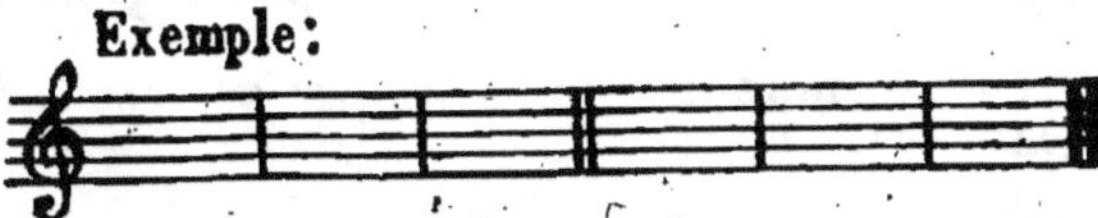

Les mesures ci-après sont employées pour les batteries et sonneries :

1° La mesure à $\frac{2}{4}$ ou **2** temps

composée de deux noires ou de valeurs égales à deux noires (ou deux pas).

2° La mesure à $\frac{3}{4}$ ou **3** temps

composée de trois noires ou de valeurs égales à trois noires (ou trois pas).

3° La mesure à $\frac{4}{4}$ ou **4** temps

composée de quatre noires ou de valeurs égales à quatre noires (ou quatre pas).

4° La mesure à $\frac{6}{8}$

composée de deux noires pointées ou de valeurs égales à deux noires pointées (ou deux pas).

Remarque. — L'unité qui servira à subdiviser une cadence déterminée sera celle du pas; la durée du pas est représentée par la noire ou par le soupir (noire pointée en $\frac{6}{8}$).

Les indications métronomiques inscrites au commencement des batteries et sonneries marquent exactement le mouvement ou la cadence de ces batteries et sonneries.

Le chiffre inscrit dans ces indications veut dire que le mouvement doit correspondre à la cadence d'un marcheur qui ferait le même nombre de pas réguliers en une minute.

La figure de la note indique la valeur qui est égale à celle du pas.

Exemple :

160 = ♩ veut dire que le mouvement sera celui de 160 pas à la minute;

120 = ♩ veut dire que le mouvement sera celui de 120 pas à la minute.

Des barres de reprise. — On a vu que la double barre de séparation indiquait la fin d'un morceau ou d'une de ses parties principales : une de ces parties prend le nom de reprise, si elle doit être exécutée deux fois. On indique la reprise par deux points placés auprès de la double barre de séparation.

Exemple :

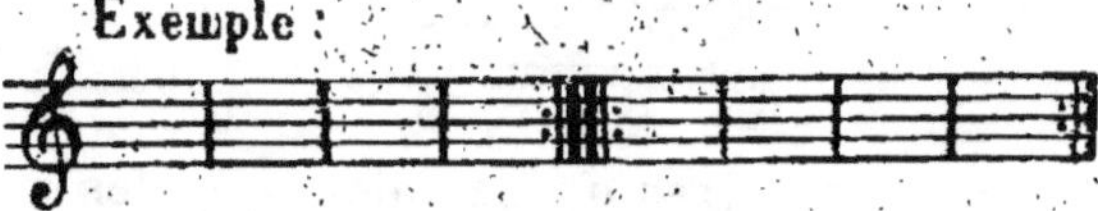

Du renvoi. — Les deux lettres D. C. (abréviation de *Da Capo* [italien] : de la tête, du commencement), placées à la fin d'un morceau, indiquent qu'il faut revenir au commencement du morceau.

Du point d'orgue. — Le point d'orgue ⌒ est un signe qui indique une durée prolongée et indéterminée; il se place sur la note ou sur le silence.

Exemple :

Des petites notes. — Les petites notes employées dans les batteries sont des notes qui indiquent un rythme ou des coups de baguette très rapides.

Elles ne concourent ni à la formation des temps ni à celle des mesures.

DU TAMBOUR.

Le bruit du tambour s'écrit au moyen de figures de notes toujours placées entre la troisième et la quatrième ligne de la clef de fa.

Les batteries comportent :

1° Le roulement;
2° Le coup de baguette ou coup simple;
3° Le fla;
4° Le ra de trois;
5° Le ra de cinq;
6° Le ra de neuf.

1° *Du roulement.* — Le roulement s'obtient en donnant alternativement deux coups de baguette de chaque main pendant toute sa durée.

On commence par la main droite et on finit par un coup sec donné avec vigueur par la même main.

Les coups de baguette doivent être donnés très lentement au début et avec régularité; la vitesse augmentera progressivement :

2° *Du coup de baguette.* — Le coup de baguette est représenté par une note. Il se compose d'un coup de baguette au centre de la peau du tambour frappé par la main droite ou la main gauche; plusieurs coups répétés sont frappés alternativement par les deux mains.

Cependant, si les coups répétés sont de nombre impair et s'ils doivent être exécutés rapidement, il est plus facile de faire cette série de coups en frappant deux coups de chaque main. Commencer par la main droite et continuer en alternant les mains jusqu'à la fin de la série.

3° *Du fla.* — Le fla se compose de deux coups de baguette frappés presque simultanément, le premier

faible représenté par une petite note et le deuxième
fort représenté par une note réelle.

Exemple : 

On commence généralement le premier coup faible
par la main gauche et le coup fort par la main droite :
si deux ou plusieurs flas se suivent, on continue inver-
sement par la main droite et la main gauche.

Exemple :

4° *Du ra de trois*. — Le ra de trois se compose de
trois coups de baguette, les deux premiers faibles re-
présentés par deux petites notes et le troisième fort
représenté par une note réelle.

Exemple : 

Les deux premiers coups faibles sont frappés par la
main gauche et le troisième, le coup fort, par la main
droite.

Si deux ou plusieurs ras de trois se suivent, on les
exécutera en commençant alternativement par la main
droite et la main gauche.

5° *Du ra de cinq*. — Le ra de cinq se compose de
cinq coups de baguette ; les deux premiers donnés par
la main droite, les deux suivants par la **main gauche**,
et le cinquième par la main droite.

Ces cinq coups doivent être faits avec rapidité, et
terminés en accentuant le cinquième avec vigueur :

Exemple

6° *Du ra de neuf*. — Le ra de neuf ou roulement
d'un temps se compose de neuf coups de baguette rapides, donnés de deux en deux alternativement par
chaque main.

On commence par la main droite et on finit par un
coup sec donné avec vigueur par la même main.

Exemple

Les élèves seront d'abord exercés à faire le roulement, base de l'instruction du tambour.

Ce n'est que lorsqu'ils auront les poignets bien assou-
plis par cet exercice qu'on leur enseignera les autres.

Ils seront ensuite exercés sur les batteries réglemen-
taires et en dernier lieu réunis aux clairons pour tra-
vailler et exécuter ensemble les batteries et sonneries
comportant l'emploi simultané du tambour et du clairon.

DU CLAIRON

La manière de produire le son avec le clairon est la
suivante :

1° Placer l'embouchure de l'instrument au milieu de
la bouche, les coins bien tendus, deux tiers sur la
lèvre supérieure, un tiers sur la lèvre inférieure et l'y
maintenir avec soin, tout en ménageant au milieu de
la bouche une ouverture suffisante pour le passage du
souffle.

2° La langue, faisant office de soupape, s'avancera
entre les deux lèvres dont elle interceptera l'ouverture
en appuyant sur elle, puis, se retirant brusquement,
elle livrera passage à l'air qui ébranlera les ondes sonores de l'instrument.

L'attaque du son doit toujours être franche, précise, immédiate. La syllabe *Tu*, prononcée violemment,
rend assez bien l'action de la langue pour cette opération. — *Eviter de gonfler les joues.*

Une condition essentielle pour attaquer avec sûreté,
c'est de préparer l'attaque de la note dans l'embouchure, c'est-à-dire de placer d'avance la langue sur le
bord intérieur des lèvres, prête à frapper le son, afin
que le coup de langue se produise sans précipitation
ni surprise.

Après l'attaque et pendant toute la durée du son,
veiller à ce qu'il soit toujours pur, juste, et *sans ondulations ni chevrotements.*

3° Une fois le son obtenu et fixé, lâcher graduellement les lèvres si l'on veut descendre et pratiquer le
contraire pour monter.

Exercer en même temps une pression proportionnelle
de l'embouchure sur les lèvres, selon le degré d'élévation ou d'abaissement du son. Avoir soin, dans tous
les cas, de conserver à l'embouchure son même point
d'appui et de ne jamais exagérer la pression proportionnelle.

Les sons du clairon s'écrivent en clef de sol, ils sont employés au nombre de cinq :

Le premier son (le plus grave) se nomme *ut* ou *do* grave, se place au-dessous de la portée et s'écrit :

Le deuxième son (en montant) se nomme *sol*, se place sur la deuxième ligne de la portée et s'écrit :

Le troisième son (en montant) se nomme *do*, se place entre les troisième et quatrième lignes de la portée et s'écrit :

Le quatrième son (en montant) se nomme *mi*, se place entre les quatrième et cinquième lignes de la portée et s'écrit :

Le cinquième son (en montant) se nomme *sol octave*, se place au-dessus de la cinquième ligne de la portée et s'écrit :

Les figures des notes peuvent être placées sur toute l'échelle des sons.

Note. — Les exercices qui vont suivre ne sont donnés qu'à titre d'indication ; ils devront être complétés au moyen d'autres exemples progressifs donnés par les instructeurs.

Ils seront répétés autant de fois qu'il sera nécessaire pour que l'exécution soit exacte et bonne. — Dans le début de l'instruction, il faut user avec une grande réserve des notes *ut* et *sol octave* qui sont d'une exécution pénible ou difficile pour des élèves insuffisamment familiarisés avec l'embouchure.

A partir de la deuxième série, tous les exercices seront exécutés en marquant du pas les temps de la mesure indiquée.

On commencera d'abord avec une cadence lente qui sera accélérée progressivement et parallèlement avec les résultats obtenus.

DE LA TROMPETTE.

La manière de produire le son avec la trompette est la suivante :

1° Placer l'embouchure de l'instrument au milieu de la bouche, les coins bien tendus, deux tiers sur la lèvre supérieure, un tiers sur la lèvre inférieure; la maintenir avec soin, tout en ménageant au milieu de la bouche une ouverture suffisante pour le passage du souffle;

2° La langue, faisant office de soupape, s'avancera entre les deux lèvres dont elle interceptera l'ouverture, en appuyant sur elles; puis, se retirant brusquement, elle livrera passage à l'air qui ébranlera les ondes sonores de l'instrument.

L'attaque du son doit toujours être franche, précise, immédiate.

La syllabe *Tu*, prononcée violemment, rend assez bien l'action de la langue pour cette opération; on évitera de gonfler les joues.

Une condition essentielle pour attaquer avec **sûreté**, c'est de préparer l'attaque de la note dans l'embouchure. c'est-à-dire de placer d'avance la langue sur le bord intérieur des lèvres, prête à frapper le son, afin que le coup de langue se produise sans **précipitation**; après l'attaque et pendant toute la durée du **son, on** veillera à ce que le son soit toujours pur, juste, et sans ondulations ni chevrotements;

3° Une fois le son obtenu et fixé, lâcher graduellement les lèvres si l'on veut descendre et pratiquer le contraire pour monter. Exercer en même temps une pression proportionnelle de l'embouchure sur les lèvres, selon le degré d'élévation ou d'abaissement du son. Avoir soin, dans tous les cas, de conserver à l'embouchure son même point d'appui et de ne jamais exagérer la pression proportionnelle.

Les sons de la trompette, employés dans les sonneries ou marches en usage dans l'armée, sont au nombre de 9.

Le premier son (le plus grave) se nomme *sol grave*, se place sous deux lignes supplémentaires ajoutées au-dessous de la portée, et s'écrit :

Le deuxième son (en montant) se nomme *ut* ou *do grave*, se place au-dessous de la portée et s'écrit :

Le troisième son se nomme *mi*, se place sur la première ligne de la portée et s'écrit :

Le quatrième son se nomme *sol*, se place sur la deuxième ligne de la portée et s'écrit :

Le cinquième son se nomme *do*, se place entre les troisième et quatrième lignes de la portée et s'écrit :

Le sixième son se nomme *ré*, se place sur la quatrième ligne de la portée et s'écrit :

Le septième son se nomme *mi*, se place entre la quatrième et la cinquième ligne de la portée et s'écrit :

Le huitième son se nomme *fa*, se place sur la cinquième ligne de la portée et s'écrit :

Le neuvième son se nomme *sol*, se place au-dessus de la cinquième ligne de la portée et s'écrit :

Nota. — Les sons 8 et 9 ne sont employés dans aucune sonnerie d'ordonnance et sont en usage seulement dans quelques marches (employer rarement).

II

EXERCICES PRÉLIMINAIRES
POUR LES CLAIRONS ET TROMPETTES.

EXERCICES PRÉLIMINAIRES
POUR LES CLAIRONS.

Première série.

1er Exercice. **2e Exercice.**

3e Exercice. 4e Exercice. 5e Exercice.

Deuxième série.

1er Exercice.

2e Exercice.

3e Exercice.

4.ᵉ Exercice.

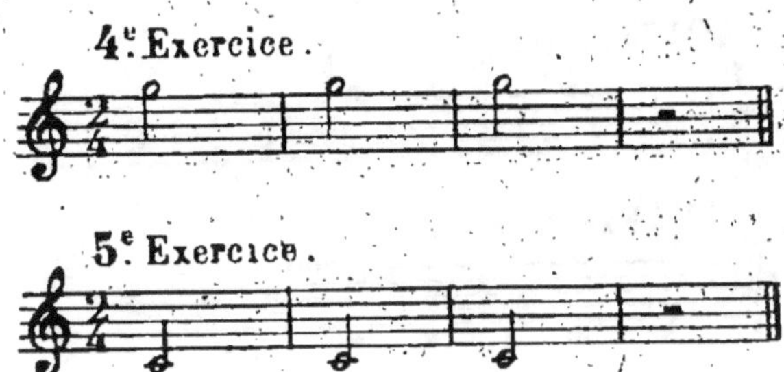

5.ᵉ Exercice.

Troisième série.

1.ᵉʳ Exercice.

2.ᵉ Exercice.

3.ᵉ Exercice.

4.ᵉ Exercice.

5.ᵉ Exercice.

6.ᵉ Exercice.

7.ᵉ Exercice.

8.ᵉ Exercice.

Quatrième série.

Cinquième série.

1er Exercice.

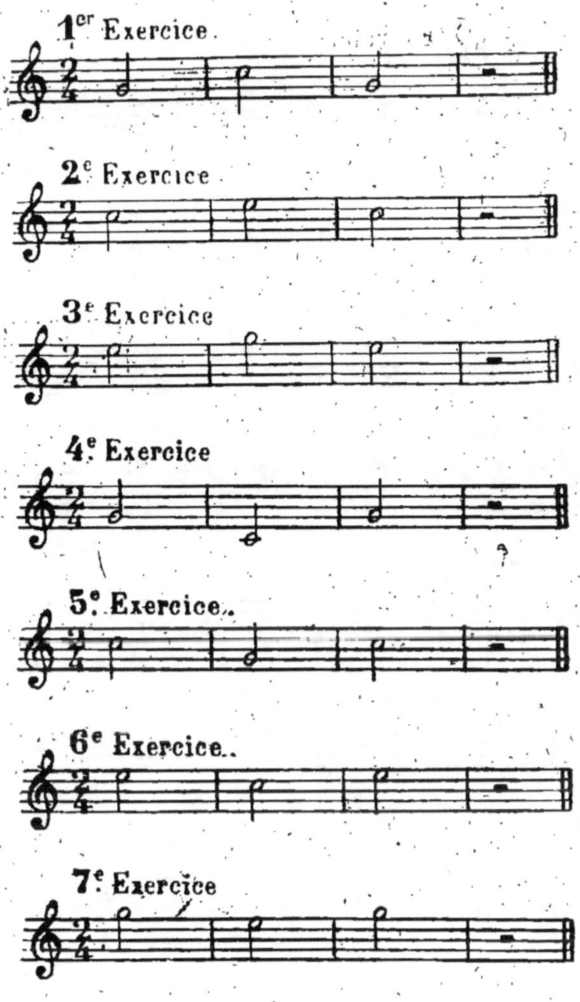

2e Exercice

3e Exercice

4e Exercice

5e Exercice.

6e Exercice.

7e Exercice

Sixième série.

1er Exercice

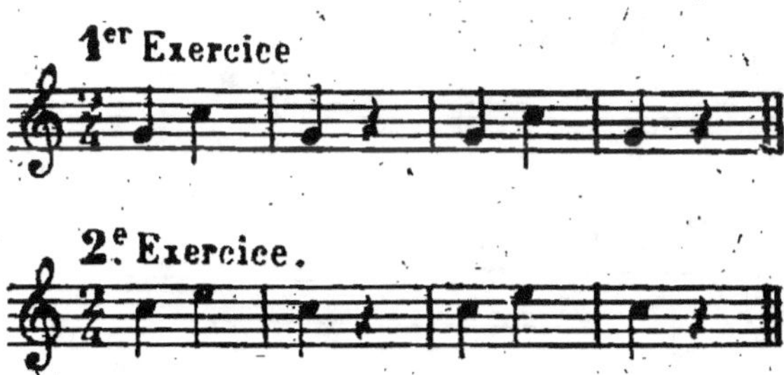

2e Exercice.

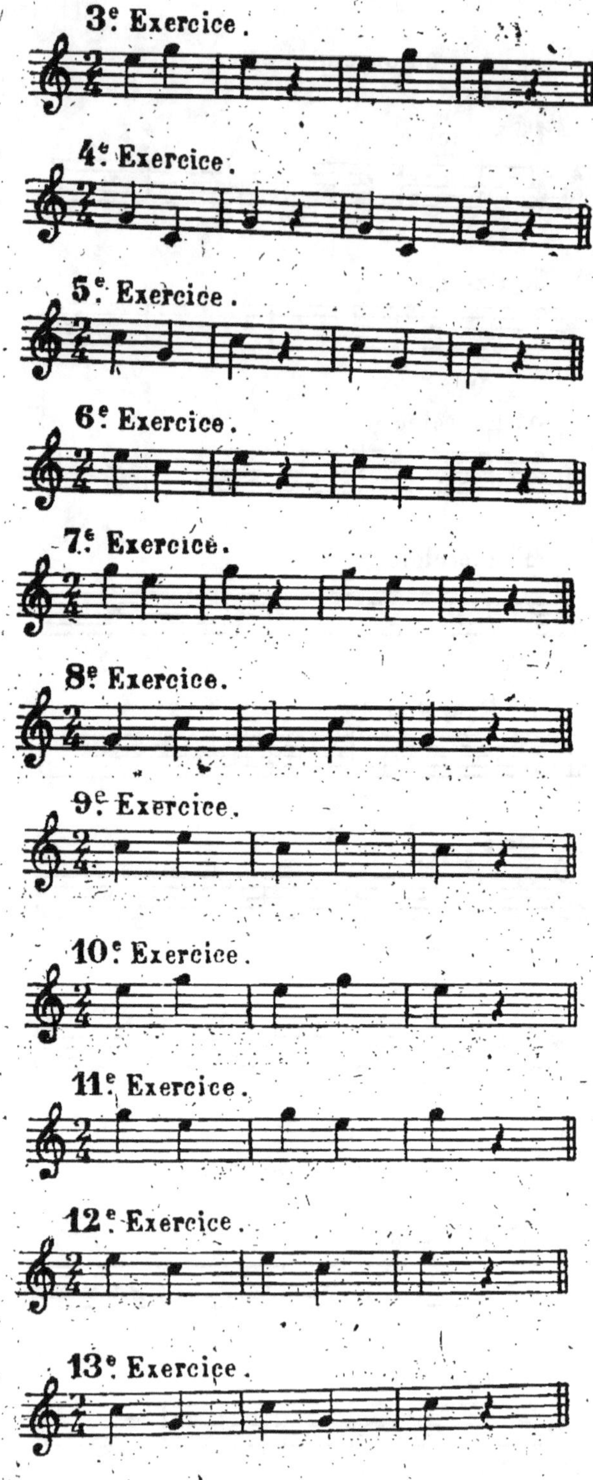
3.e Exercice.
4.e Exercice.
5.e Exercice.
6.e Exercice.
7.e Exercice.
8.e Exercice.
9.e Exercice.
10.e Exercice.
11.e Exercice.
12.e Exercice.
13.e Exercice.

14e. Exercice.

Septième série.

1er. Exercice.   **2e. Exercice.**

3e. Exercice.   **4e. Exercice**

5e. Exercice.   **6e. Exercice**

7e. Exercice   **8e. Exercice.**

9e. Exercice   **10e. Exercice**

11e. Exercice.   **12e. Exercice.**

13e. Exercice.   **14e. Exercice.**

Huitième série.

1er. Exercice.

2.ᵉ Exercice.
3.ᵉ Exercice.
4.ᵉ Exercice.
5.ᵉ Exercice.
Neuvième série.

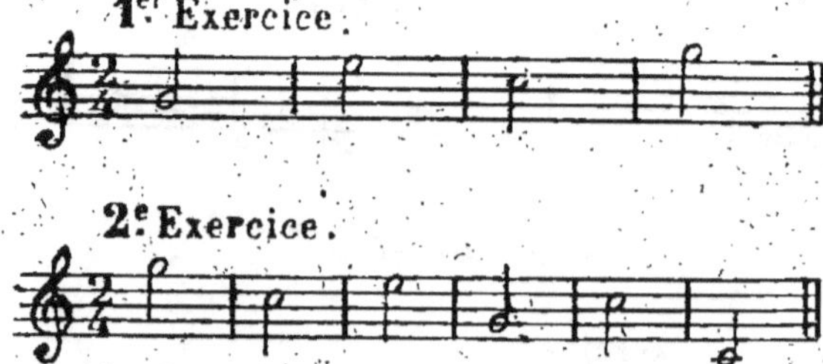
1.ᵉʳ Exercice.
2.ᵉ Exercice.

3.ᵉ Exercice

4.ᵉ Exercice

5.ᵉ Exercice

6.ᵉ Exercice

7.ᵉ Exercice

8.ᵉ Exercice

9.ᵉ Exercice.   **10.ᵉ Exercice.**

11.ᵉ Exercice   **12.ᵉ Exercice**

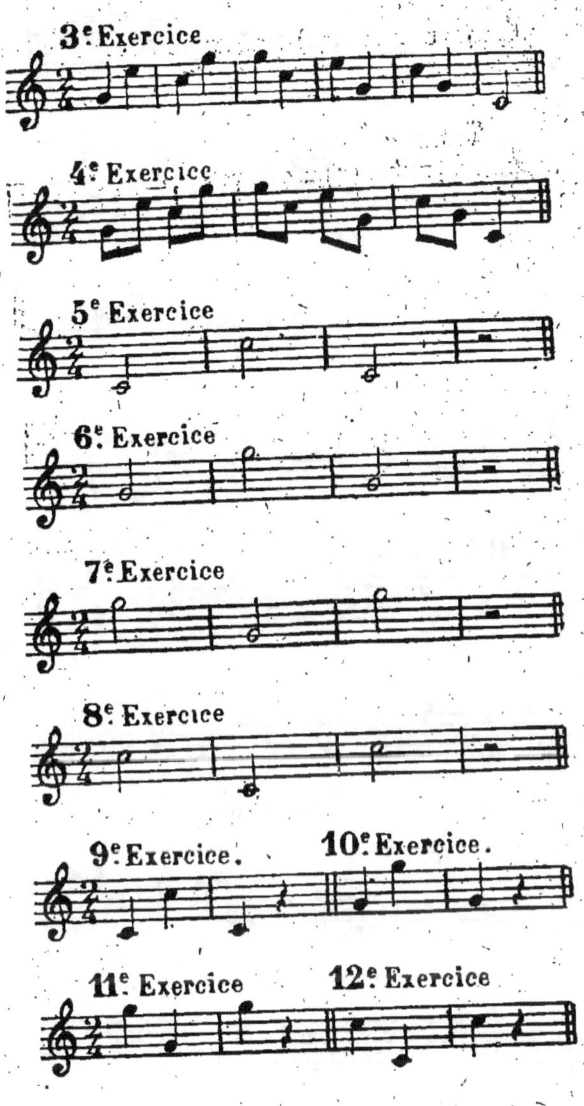

Dixième série.

1.ᵉʳ Exercice.

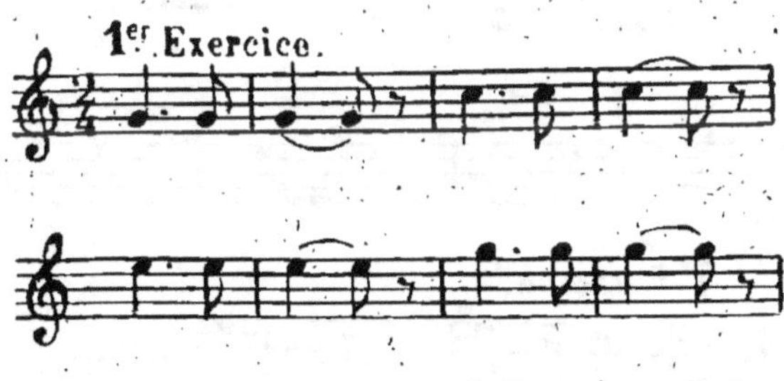

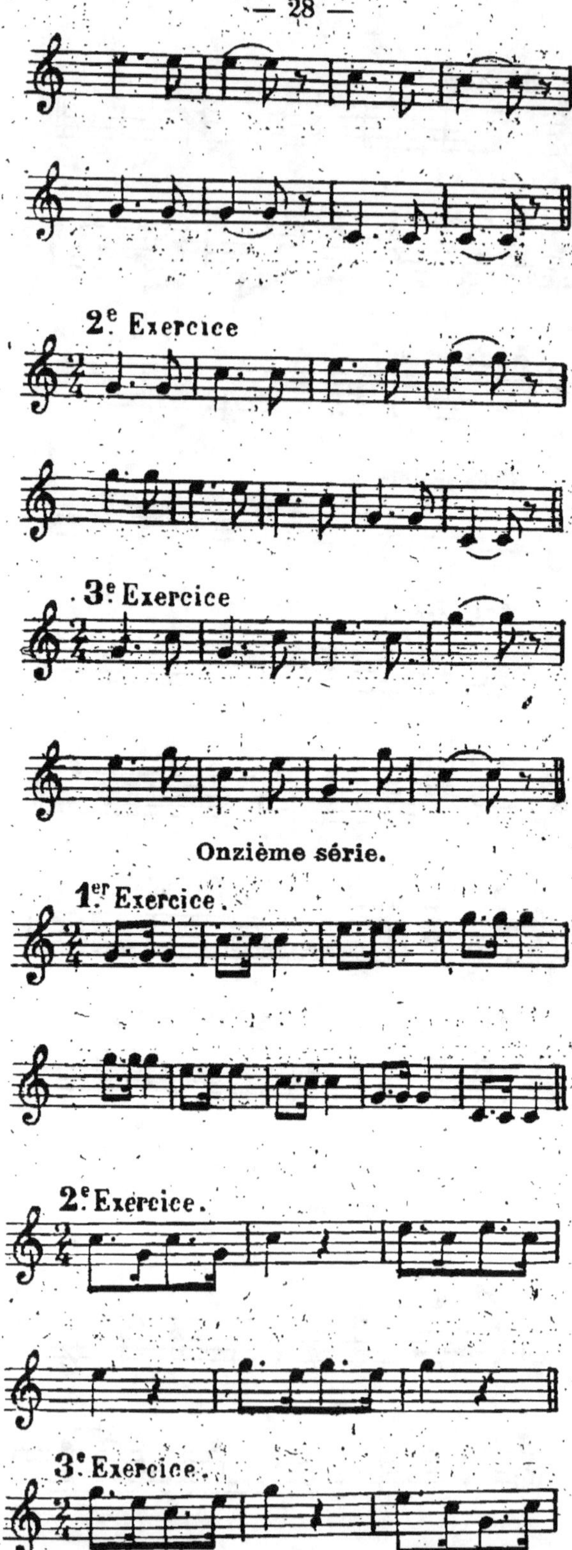

2e Exercice
3e Exercice
Onzième série.
1er Exercice.
2e Exercice.
3e Exercice.

Batteries et Sonneries

6.ᵉ Exercice.

Treizième série.

1.ᵉʳ Exercice.

2.ᵉ Exercice.

3.ᵉ Exercice.

4ᵉ Exercice.

5ᵉ Exercice.

6ᵉ Exercice.

7ᵉ Exercice.

EXERCICES PRÉLIMINAIRES
POUR LES TROMPETTES

La note marquée du signe > doit être fortement at_taquée, puis diminuée insensiblement.

Les virgules indiquent les respirations.

Mouv.t modéré
1
2
3

4

7

10

13

15

16

17

18

DEUXIÈME PARTIE.

BATTERIES ET SONNERIES.

DISPOSITIONS GÉNÉRALES.

La deuxième partie comprend :

1° Les batteries et sonneries pour les armes faisant usage du tambour et du clairon, ou du clairon seulement;

2° Les sonneries pour les armes faisant usage de la trompette.

Les sonneries suivantes : *l'assemblée, aux officiers, commencez le feu, cessez le feu, marche de retraite,* qui sont fréquemment employées sur les champs de manœuvre et les champs de tir, sont les mêmes pour les deux instruments, clairon et trompette, et peuvent par suite être comprises par les troupes de toutes armes, quel que soit l'instrument employé.

Sur le champ de bataille, on ne doit faire usage de sonneries que dans des circonstances exceptionnelles; le droit de les ordonner est réservé aux officiers généraux et aux commandants de détachements isolés; les sonneries « en avant » et « pas de charge » sont seules autorisées (1). Les troupes de cavalerie peuvent cependant faire usage des sonneries de manœuvre qui leur sont indispensables pour l'exécution de leurs mouvements.

Nota. — A l'école des tambours et clairons et à l'école des trompettes, on ne doit jamais commencer les exercices par la sonnerie de « la générale » ou la sonnerie « à cheval ».

____

(1) Cette disposition ne s'applique pas aux troupes opérant aux colonies.

I

BATTERIES ET SONNERIES POUR LES ARMES
MUNIES DU TAMBOUR
ET DU CLAIRON OU DU CLAIRON SEULEMENT.

TABLEAU DES SONNERIES.

---

1. Au drapeau.
2. La générale.
3. Aux champs.
4. Aux champs en marchant.
5. Le ban (rappel à l'intérieur).
6. Assemblée (honneurs pour les généraux de division et vice-amiraux).
7. Aux officiers.
8. Appel aux gradés.
9. Le réveil.
10. La diane.
11. L'appel.
12. L'appel des consignés.
13. Au piquet.
14. La soupe.
15. L'extinction des feux.
16. Marche de retraite (pour la retraite du soir et pour les champs de tir).
17. Refrains des bataillons.
18. Refrains des compagnies.
19. Garde à vous.
20. En avant.
21. Pas de charge.
22. Commencez le feu.
23. Cessez le feu.
24. Levez-vous.

MARCHES POUR TAMBOURS ET CLAIRONS.

N° 1. Au drapeau (1).

(1) Les musiques jouent une reprise du refrain de l'hymne national après « Au Drapeau ».

Nº 2. — La générale.

N° 3. Aux Champs.

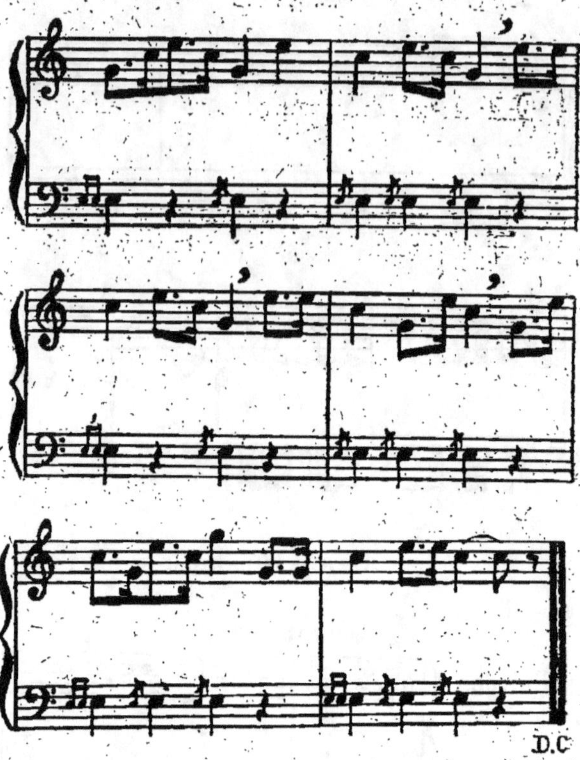

Nº 4. Aux champs (en marchant).

(métro. 120 = ♩)

Nº 5. Le ban. (Ouverture et fermeture.) (1).

(La même batterie et sonnerie est employée
pour le « Rappel à l'intérieur ».)

(1) Les musiques jouent une reprise du refrain de l'hymne national
après « Fermez le ban ».

Nº 6. Assemblée.

(Honneurs pour les généraux de division
et vice-amiraux.)

N° 7. Aux officiers.

N° 8. Appels aux gradés.

AUX ADJUDANTS.

AUX SERGENTS-MAJORS.

AUX SERGENTS DE SERVICE.

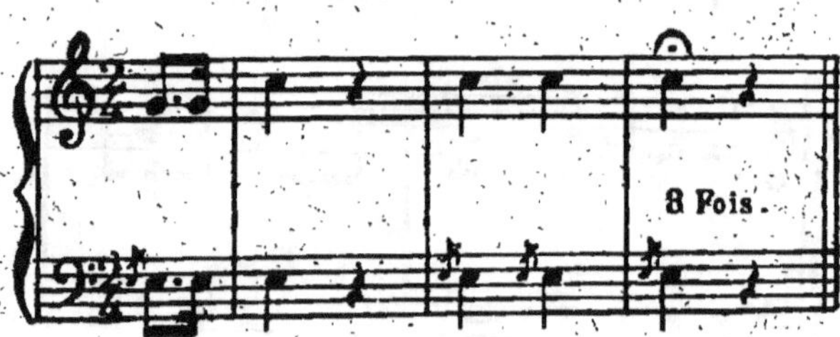

AUX FOURRIERS.

AUX CAPORAUX DE SERVICE.

N° 9. Réveil.

Tambour : Un roulement.

N° 10. Diane.

Nᵒ 11. Appel.

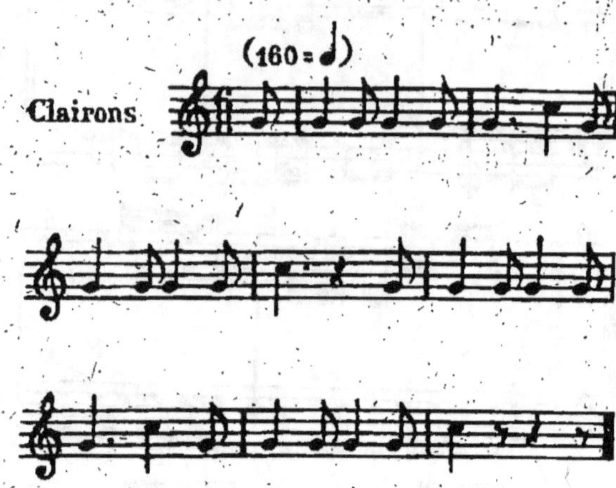

Tambour : Un roulement.

Nᵒ 12. Appel des consignés.

(Aux caporaux suivie du rappel.)

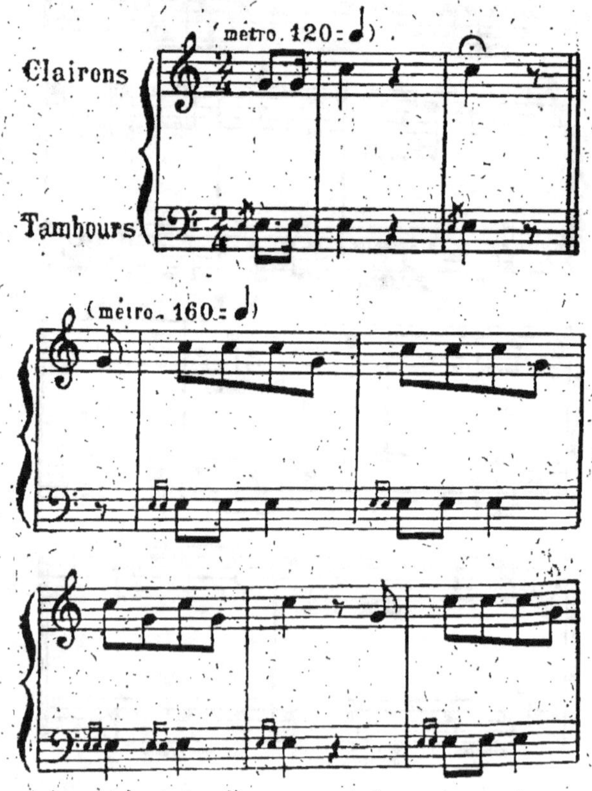

Nº 13. Au piquet.

(Aux sergents suivie du rappel.)

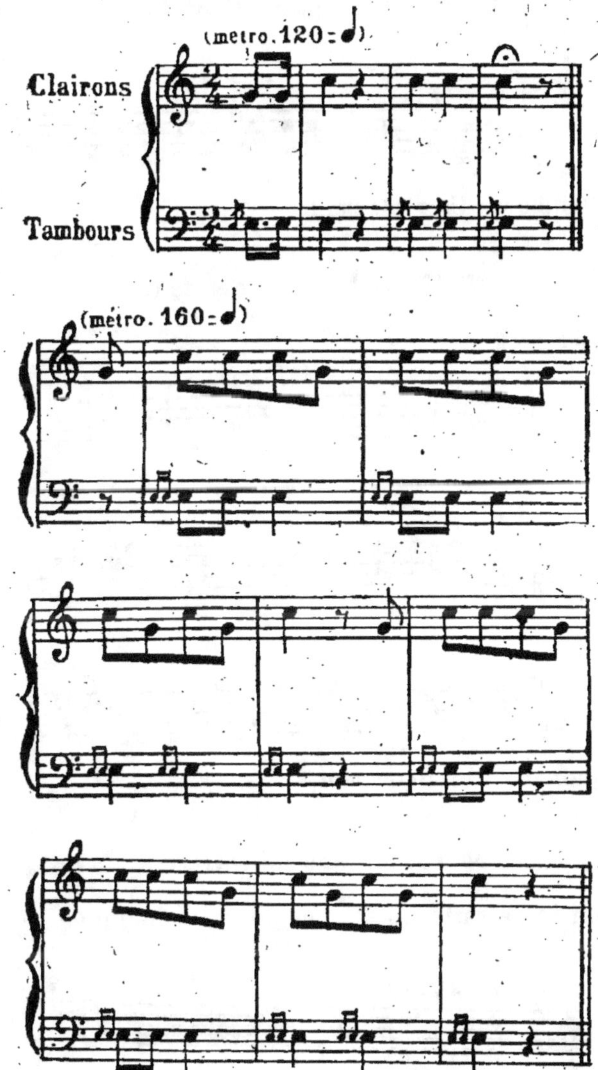

Nº 14. La soupe.

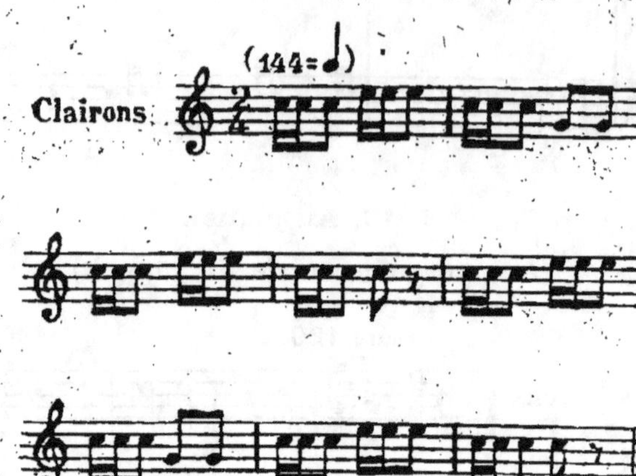

Tambour : Un roulement.

Nº 15. Extinction des feux.

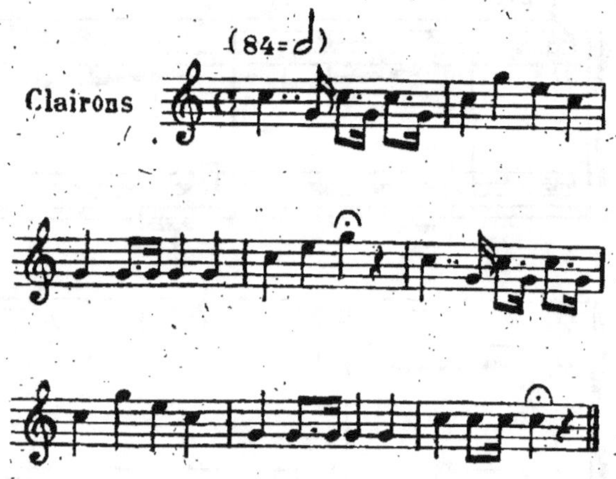

Tambour : Un roulement.

Nº 16. Marche de retraite.

(Pour la retraite du soir et pour le champ de tir.)

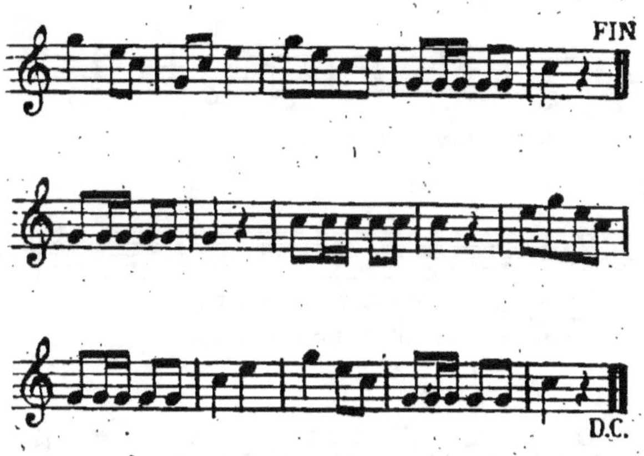

Nº 17. Refrains des bataillons.

Nº 18. Refrains des compagnies.

4.ᵉ Cⁱᵉ de chaque Bataillon.

5.ᵉ Cⁱᵉ des Bataillons formant corps.

6.ᵉ Cⁱᵉ des Bⁿˢ formant corps et Section Hors Rang
des Régiments.

N⁰ 19. Garde à vous.

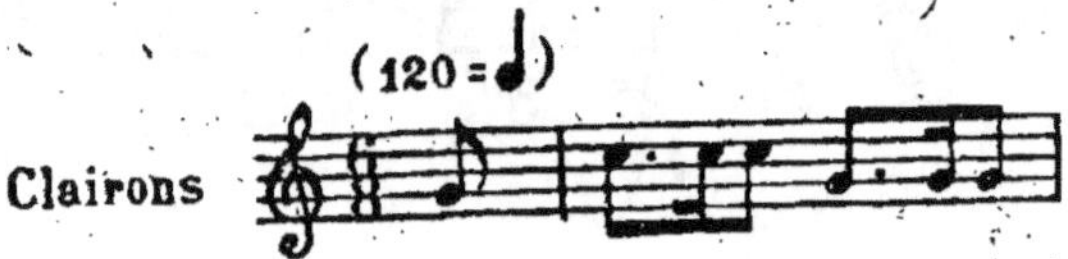

Tambour : Un roulement.

N⁰ 20. En avant.

Nº 21. Pas de charge (1).

(1) Le mouvement du pas de charge est celui de la cadence de troupe. Il est de plus en plus accéléré au fur et à mesure que l'allu est plus vive.

N° 22. Commencez le feu.

N° 23. Cessez le feu.

N° 24. Levez-vous.

MARCHES POUR TAMBOURS ET CLAIRONS

(Le mouvement des marches
est toujours celui de la cadence réglementaire.)

PREMIÈRE MARCHE.

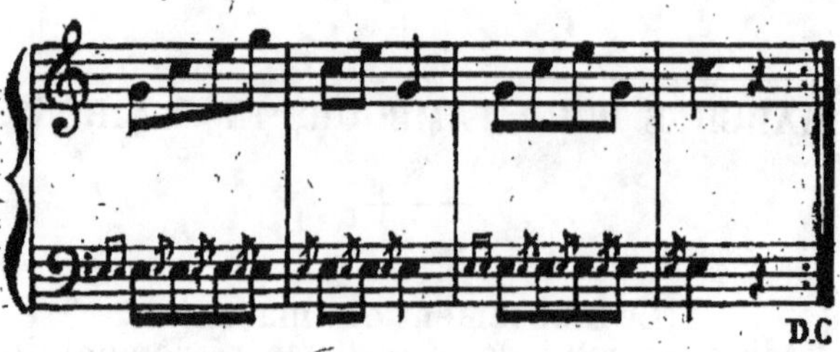

DEUXIEME MARCHE.

TROISIÈME MARCHE.

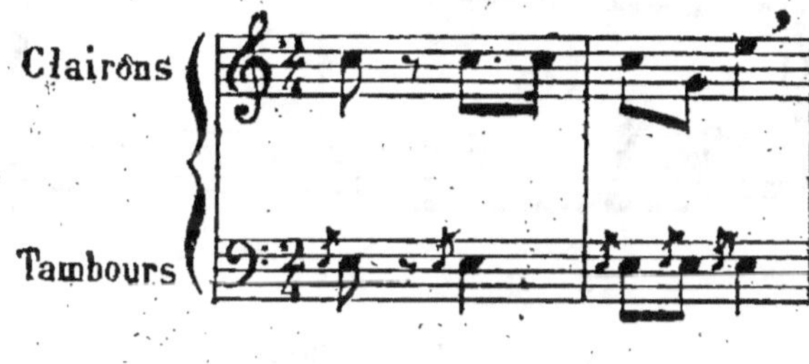

QUATRIÈME MARCHE.

CINQUIÈME MARCHE.

FIN
D.C.

SIXIÈME MARCHE.

SEPTIÈME MARCHE.

HUITIÈME MARCHE.

NEUVIÈME MARCHE.

DIXIÈME MARCHE.

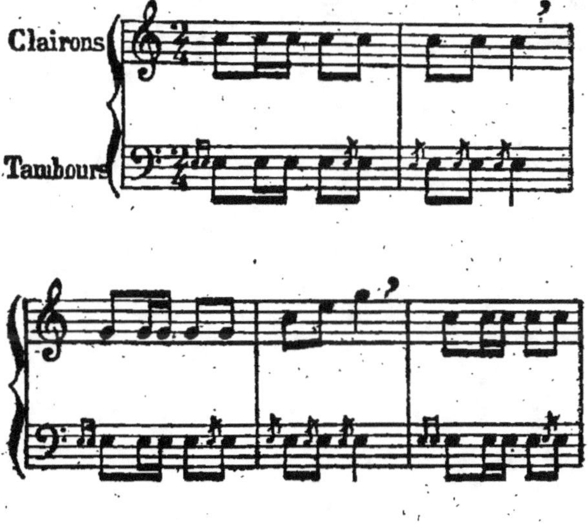

D.C.

Marches funèbres.

Nº 1.

N° 2.
M. (♩=76)
Clairons.
Tambours voilés.

Roulement prolongé suivi de 3 coups isolés (1).

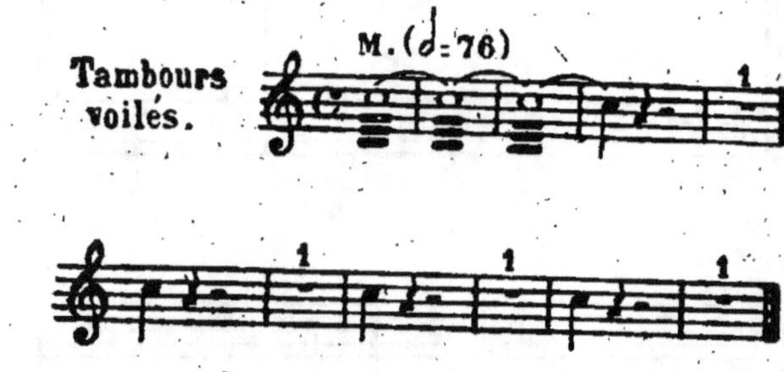

---

(1) Ce roulement alterne avec les marches funèbres qui précèdent.

II

SONNERIES POUR LES ARMES
MUNIES DE LA TROMPETTE.

TABLEAU DES SONNERIES.

A.

SONNERIES COMMUNES.

1. A l'étendard.
2. La générale.
3. Le ban.
4. L'assemblée.
5. Aux officiers.
6. Appel aux gradés.
7. Aux trompettes.
8. Le réveil.
9. L'appel.
10. 4 appels consécutifs.
11. L'appel des consignés.
12. Au piquet.
13. La soupe.
14. L'extinction des feux.
15. Marche de retraite pour la retraite du soir et pour le champ de tir).
16. Garde à vous.
17. A cheval.
18. Pied à terre.
19. Exécution.
20. En avant.
21. La marche.
22. Au pas.
23. Au trot.
24. Défilé au trot.
25. Au galop.
26. Défilé au galop.
27. Halte.
28. Le ralliement.
29. Commencez le feu.
30. Cessez le feu.
31. Mettre les manteaux.

B.

SONNERIES SPÉCIALES A LA CAVALERIE.

32. Sabre à la main.
33. Remettez le sabre.
34. Demi-tour.
35. A droite.
36. A gauche.
37. Rassemblement.
38. En lignes de colonnes.
39. En bataille.
40. Dans chaque régiment.
41. Dans chaque escadron.
42. La charge.
43. La charge en fourrageurs.
44. Le demi-appel.

C.

MARCHES POUR TROMPETTES.

Nota. — Les trompettes des batteries à cheval doivent connaître les sonneries spéciales à la cavalerie.

A. — Sonneries communes.

Nº 1. A l'étendard.

Maestoso.

Nº 2. La générale.

Vivace.

N° 3. Le ban.

OUVERTURE DU BAN.

FERMETURE DU BAN.

N° 4. Assemblée.

(Honneurs pour les généraux de division
et vice-amiraux.)

N° 5. Aux officiers.

N° 6. Appels aux gradés.

AUX MARÉCHAUX DES LOGIS CHEFS.

AUX FOURRIERS.

AUX MARÉCHAUX DES LOGIS DE SERVICE.

AUX BRIGADIERS DE SERVICE.

N⁰ 7. Aux trompettes.

Allegro.

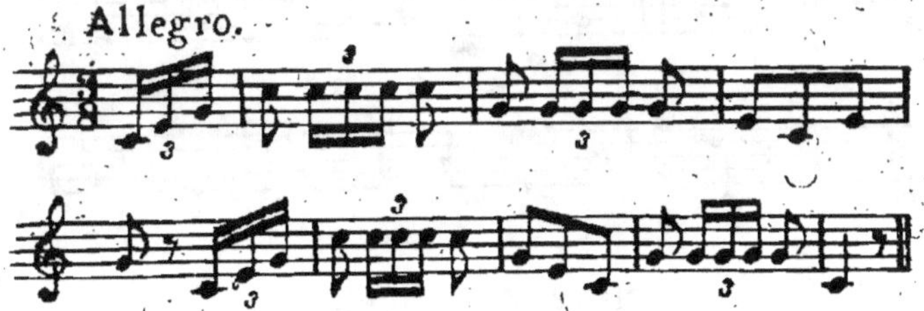

N⁰ 8. Le réveil.

Allegretto.

N⁰ 9. L'appel.

Allegro.

N⁰ 10. Quatre appels consécutifs.

(Pour le rassemblement du régiment à pied.)

Allegro.

Nº 11. L'appel des consignés.

Nº 12. Au piquet.

Nº 13. La soupe.

Nº 14. L'extinction des feux.

N⁰ 15. Marche de retraite.

(Pour la retraite du soir et pour champ de tir.)

N⁰ 16. Garde à vous.

N⁰ 17. A cheval.

N⁰ 18. Pied à terre.

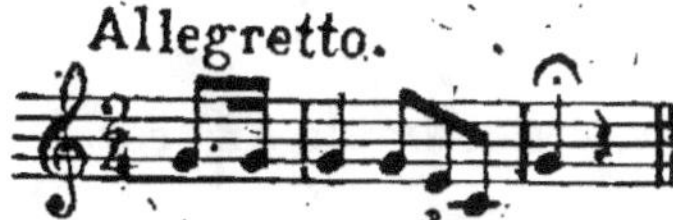

N⁰ 19. Exécution.

Nº 20. En avant.

Allegro.

Nº 21. La marche.

(Sert pour défiler au pas.)

Allegro.

Nº 22. Au pas.

(Étant au trot ou au galop.)

Moderato.

Nº 23. Au trot.

(A pied, au pas gymnastique.)

Moderato.

Nº 24. Défilé au trot.

Trompettes à l'unisson ou trompette seule.

Nº 25. Au galop.

Nº 26. Défilé au galop.

Trompettes à l'unisson ou trompette seule.

Nᵒ 27. Halte.

Moderato.

Nᵒ 28. Le ralliement.

Presto.

Nᵒ 29. Commencez le feu.

Nᵒ 30. Cessez le feu.

Nᵒ 31. Mettre les manteaux.

Allᵒ mosso.

B. — Sonneries spéciales à la cavalerie.

Nº 32. Sabre à la main.

Nº 33. Remettez le sabre.

Nº 34. Demi-tour.

Nº 35. A droite.

Nº 36. A gauche.

N° 36. Le rassemblement.

N° 38. En lignes de colonnes.

N° 39. En bataille.

N° 40. Dans chaque régiment.

N° 41. Dans chaque escadron.

N° 42. La charge.

N° 43. La charge en fourrageurs.

Allegro.

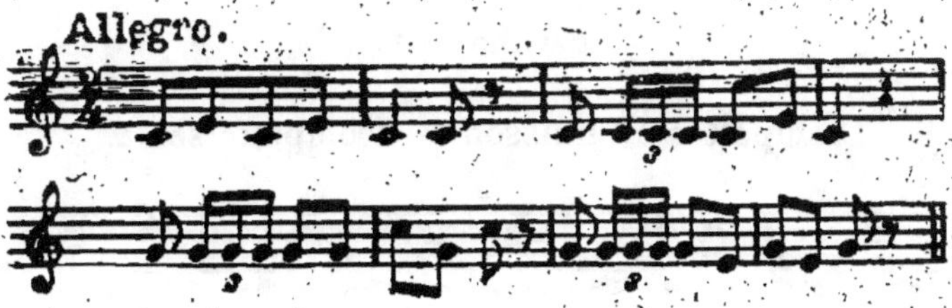

N° 44. Le demi-appel.

Allegro.

Chaque sonnerie est précédée du refrain du régiment lorsque les circonstances l'exigent.

L'emploi des sonneries doit être aussi restreint que possible.

C. — Marches pour trompettes.

Marche n° 1.

Trompettes à l'unisson ou trompette seule.

Même marche arrangée pour quatre trompettes.

Alla Coda.
1ª volta.
2ª volta.

1e
2e
3e
4e
1e
2e
3e
4e
1ª volta.
2ª volta.
Coda.
1º
2º
3º
4º
D.C.

Marche nº 2.

Pour quatre trompettes.

Alla Coda

Coda.
D.C.

Marche n° 3 (pour défiler au trot).

Trompettes à l'unisson ou trompette seule.

Même marche arrangée pour quatre trompettes.

D.C. al segno

Marche n° 4 (pour défiler au trot).

Trompettes à l'unisson ou trompette seule.

Même marche arrangée pour quatre trompettes.

Alla Coda.

D.C. al segno 𝄋 ⊕ Coda.

Marche n° 5 (pour défiler au galop).

Trompettes à l'unisson ou trompette seule.

Même marche arrangée pour quatre trompettes.

D.C. al segno ％ ⊕ Coda.

Marche n° 6 (pour défiler au galop).

Trompettes à l'unisson ou trompette seule.

Même marche arrangée pour quatre trompettes.

volta
2ª volta
Fin.
1e
2e
3e
4e
Da Capo al segno.

Marches funèbres.

N° 1.

N° 2.

Paris et Limoges. — Imp. et libr. milit. Henri CHARLES-LAVAUZELLE